ART 国家示范性高等职业院校
艺术设计专业精品教材

高职高专艺术设计类"十二五"规划教材

模型设计与制作

MOXING
SHEJI YU
ZHIZUO

主 编 孙 斌 钱 巧 凡 鸿 管学理
主 审 钱明学 李菊香

U0229900

华中科技大学出版社
http://www.hustp.com
中国·武汉

内 容 简 介

　　本书共四章，第 1 章为模型概述，第 2 章为模型的材料与工具，第 3 章为模型设计与制作详解，第 4 章为模型设计与制作实训。本书既有模型设计与制作的理论知识，又有模型设计与制作的实践知识。全书讲解深入浅出，图文并茂，通俗易懂，能够引导读者较快地掌握模型设计与制作技术。

图书在版编目（CIP）数据

模型设计与制作 / 孙斌，钱巧，凡鸿，管学理　主编. — 武汉：华中科技大学出版社，2013.12
ISBN 978-7-5609-9509-0

　Ⅰ.①模…　Ⅱ.①孙…　②钱…　③凡…　④管…　Ⅲ.①模型（建筑）—设计—高等职业教育—教材
②模型（建筑）—制作—高等职业教育—教材　Ⅳ.①TU205

中国版本图书馆 CIP 数据核字(2013)第 287672 号

模型设计与制作　　　　　　　　　　　　　　　　　　　孙斌　钱巧　凡鸿　管学理　主编

策划编辑：曾　光　彭中军
责任编辑：张　琼
封面设计：龙文装帧
责任校对：朱　霞
责任监印：张正林
出版发行：华中科技大学出版社（中国·武汉）
　　　　　武昌喻家山　　邮编：430074　　电话：（027）81321915
录　　排：龙文装帧
印　　刷：湖北新华印务有限公司
开　　本：880 mm × 1230 mm　1/16
印　　张：3
字　　数：101 千字
版　　次：2016 年 12 月第 1 版第 3 次印刷
定　　价：20.00 元

国家示范性高等职业院校艺术设计专业精品教材
高职高专艺术设计类"十二五"规划教材
基于高职高专艺术设计传媒大类课程教学与教材开发的研究成果实践教材

编审委员会名单

国家示范性高等职业院校艺术设计专业精品教材
高职高专艺术设计类"十二五"规划教材
基于高职高专艺术设计传媒大类课程教学与教材开发的研究成果实践教材

组编院校（排名不分先后）

广州番禺职业技术学院	湖南大众传媒职业技术学院	天津轻工职业技术学院
深圳职业技术学院	黄冈职业技术学院	重庆城市管理职业学院
天津职业大学	无锡商业职业技术学院	顺德职业技术学院
广西机电职业技术学院	南宁职业技术学院	武汉职业技术学院
常州轻工职业技术学院	广西建设职业技术学院	黑龙江建筑职业技术学院
邢台职业技术学院	江汉艺术职业学院	乌鲁木齐职业大学
长江职业学院	淄博职业学院	黑龙江省艺术设计协会
上海工艺美术职业学院	温州职业技术学院	冀中职业学院
山东科技职业学院	邯郸职业技术学院	湖南中医药大学
随州职业技术学院	湖南女子学院	广西大学农学院
大连艺术职业学院	广东文艺职业学院	山东理工大学
潍坊职业学院	宁波职业技术学院	湖北工业大学
广州城市职业学院	潮汕职业技术学院	重庆三峡学院美术学院
武汉商学院	四川建筑职业技术学院	湖北经济学院
甘肃林业职业技术学院	海口经济学院	内蒙古农业大学
湖南科技职业学院	威海职业学院	重庆工商大学设计艺术学院
鄂州职业大学	襄阳职业技术学院	石家庄学院
武汉交通职业学院	武汉工业职业技术学院	河北科技大学理工学院
石家庄东方美术职业学院	南通纺织职业技术学院	江南大学
漳州职业技术学院	四川国际标榜职业学院	北京科技大学
广东岭南职业技术学院	陕西服装艺术职业学院	湖北文理学院
石家庄科技工程职业学院	湖北生态工程职业技术学院	南阳理工学院
湖北生物科技职业学院	重庆工商职业学院	广西职业技术学院
重庆航天职业技术学院	重庆工贸职业学院	三峡电力职业学院
江苏信息职业技术学院	宁夏职业技术学院	唐山学院
湖南工业职业技术学院	无锡工艺职业技术学院	苏州经贸职业技术学院
无锡南洋职业技术学院	云南经济管理职业学院	唐山工业职业技术学院
武汉软件工程职业学院	内蒙古商贸职业学院	广东纺织职业技术学院
湖南民族职业学院	湖北工业职业技术学院	昆明冶金高等专科学校
湖南环境生物职业技术学院	青岛职业技术学院	江西财经大学
长春职业技术学院	湖北交通职业技术学院	天津财经大学珠江学院
石家庄职业技术学院	绵阳职业技术学院	广东科技贸易职业学院
河北工业职业技术学院	湖北职业技术学院	武汉科技大学城市学院
广东建设职业技术学院	浙江同济科技职业学院	广东轻工职业技术学院
辽宁经济职业技术学院	沈阳市于洪区职业教育中心	辽宁装备制造职业技术学院
武昌理工学院	安徽现代信息工程职业学院	湖北城市建设职业技术学院
武汉城市职业学院	武汉民政职业学院	黑龙江林业职业技术学院
武汉船舶职业技术学院	湖北轻工职业技术学院	四川天一学院
四川长江职业学院	四川传媒学院	

世界职业教育发展的经验和我国职业教育发展的历程都表明，职业教育是提高国家核心竞争力的要素。职业教育的这一重要作用，主要体现在两个方面。其一，职业教育承载着满足社会需求的重任，是培养为社会直接创造价值的高素质劳动者和专门人才的教育。职业教育既是经济发展的需要，又是促进就业的需要。其二，职业教育还承载着满足个性发展需求的重任，是促进青少年成才的教育。因此，职业教育既是保证教育公平的需要，又是教育协调发展的需要。

这意味着，职业教育不仅有着自己的特定目标——满足社会经济发展的人才需求，以及与之相关的就业需求，而且有着自己的特殊规律——促进不同智力群体的个性发展，以及与之相关的智力开发。

长期以来，由于我们对职业教育作为一种类型教育的规律缺乏深刻的认识，加之学校职业教育又占据绝对主体地位，因此职业教育与经济、与企业联系不紧，导致职业教育的办学未能冲破"供给驱动"的束缚；由于与职业实践结合不紧密，职业教育的教学也未能跳出学科体系的框架，所培养的职业人才，其职业技能的"专"、"深"不够，工作能力不强，与行业、企业的实际需求及我国经济发展的需要相距甚远。实际上，这也不利于个人通过职业这个载体实现自身所应有的职业生涯的发展。

因此，要遵循职业教育的规律，强调校企合作、工学结合，"在做中学"，"在学中做"，就必须进行教学改革。职业教育教学应遵循"行动导向"的教学原则，强调"为了行动而学习"、"通过行动来学习"和"行动就是学习"的教育理念，让学生在由实践情境构成的、以过程逻辑为中心的行动体系中获取过程性知识，去解决"怎么做"(经验)和"怎么做更好"(策略)的问题，而不是在由专业学科构成的、以架构逻辑为中心的学科体系中去追求陈述性知识，只解决"是什么"(事实、概念等)和"为什么"(原理、规律等)的问题。由此，作为教学改革核心的课程，就成为职业教育教学改革成功与否的关键。

当前，在学习和借鉴国内外职业教育课程改革成功经验的基础上，工作过程导向的课程开发思想已逐渐为职业教育战线所认同。所谓工作过程，是"在企业里为完成一项工作任务并获得工作成果而进行的一个完整的工作程序"，是一个综合的、时刻处于运动状态但结构相对固定的系统。与之相关的工作过程知识，是情境化的职业经验知识与普适化的系统科学知识的交集，它"不是关于单个事务和重复性质工作的知识，而是在企业内部关系中将不同的子工作予以连接的知识"。以工作过程逻辑展开的课程开发，其内容编排以典型职业工作任务及实际的职业工作过程为参照系，按照完整行动所特有的"资讯、决策、计划、实施、检查、评价"结构，实现学科体系的解构与行动体系的重构，实现于变化的、具体的工作过程之中获取不变的思维过程和完整性的工作训练，实现实体性技术、规范性技术通过过程性技术的物化。

近年来，教育部在高等职业教育领域组织了我国职业教育史上最大的职业教育师资培训项目——中德职教师资培训项目和国家级骨干师资培训项目。这些骨干教师通过学习、了解，接受先进的教学理念和教学模式，结合中国的国情，开发了更适合中国国情、更具有中国特色的职业教育课程模式。

华中科技大学出版社结合我国正在探索的职业教育课程改革，邀请我国职业教育领域的专家、企业技术专家和企业人力资源专家，特别是国家示范校、接受过中德职教师资培训或国家级骨干师资培训的高职院校的骨干教师，为支持、推动这一课程开发应用于教学实践，进行了有意义的探索——相关教材的编写。

华中科技大学出版社的这一探索，有两个特点。

第一，课程设置针对专业所对应的职业领域，邀请相关企业的技术骨干、人力资源管理者及行业著名专家和院校骨干教师，通过访谈、问卷和研讨，提出职业工作岗位对技能型人才在技能、知识和素质方面的要求，结合目前中国高职教育的现状，共同分析、讨论课程设置存在的问题，通过科学合理的调整、增删，确定课程门类及其教学内容。

第二，教学模式针对高职教育对象的特点，积极探讨提高教学质量的有效途径，根据工作过程导向课程开发的实践，引入能够激发学习兴趣、贴近职业实践的工作任务，将项目教学作为提高教学质量、培养学生能力的主要教学方法，把适度够用的理论知识按照工作过程来梳理、编排，以促进符合职业教育规律的、新的教学模式的建立。

在此基础上，华中科技大学出版社组织出版了这套规划教材。我始终欣喜地关注着这套教材的规划、组织和编写。华中科技大学出版社敢于探索、积极创新的精神，应该大力提倡。我很乐意将这套教材介绍给读者，衷心希望这套教材能在相关课程的教学中发挥积极作用，并得到读者的青睐。我也相信，这套教材在使用的过程中，通过教学实践的检验和实际问题的解决，不断得到改进、完善和提高。我希望，华中科技大学出版社能继续发扬探索、研究的作风，在建立具有中国特色的高等职业教育的课程体系的改革之中，作出更大的贡献。

是为序。

教育部职业技术教育中心研究所
学术委员会秘书长
《中国职业技术教育》杂志主编
中国职业技术教育学会理事、
教学工作委员会副主任、
职教课程理论与开发研究会主任
姜大源 教授
2010 年 6 月 6 日

目录 MULU

MOXING SHEJI YU ZHIZUO

第1章
模型概述......................................

MOXING SHEJI YU ZHIZUO

所谓设计就是设想与计划。人们将设计对象的设想与计划用平面的方式表现出来的一般是各种类型的图纸，用立体的方式表现出来的一般称为模型。

《说文》中注说"以木为之曰模，……以土曰型"，就是说，制作模型的材料与方法。模型的历史在我国可以追溯到很久远的年代。北京天坛、颐和园等皇家建筑，就有用木头、秫秸等材料制造的模型，其工艺具有相当高的水平，在工程建设中发挥出重要的指导作用。

概言之，所谓模型（见图1-1至图1-3），就是人们对事物或概念的一种表达形式。模型设计与制作是设计类专业（园林设计、景观设计、城市规划、建筑设计、环境装饰设计、工业产品设计）的一门重要专业实践课程。它以让学生实践设计、动手制作为主的教学方法，提高学生的设计能力、协调能力、美学水平、实践动手能力，培养学生的创造力。

图1-1　模型欣赏1

图1-2　模型欣赏2

图 1-3 模型欣赏 3

1.1

概念与分类 《《《

一、概念 ONE

　　我们说的模型设计与制作，是指依据某种形式或内在联系，进行模仿性的有形制作。通过这种设计与制作过程，培养学生设计创作能力、动手制作能力和空间想象能力。实际上对设计师的教育是多方面的，其中就包括经过实际的工艺训练，通过熟悉各类材料、工具和工艺程序来系统地研究实际项目的要求，解决实际工程中的问题。

　　一般来说，最理想的模型设计、制作者就是设计师本人。模型与图样一样，也是设计师和业主交流的重要工具与语言。

　　模型制作也是造型艺术，主要包括硬件及艺术表现制作、控制软件制作和传动执行等三部分。模型制作要求理解设计语言和设计内涵、熟悉材料与工具、掌握基本制作方法与技巧，同时要有制图等专业基本知识来支撑。

二、分类 TWO

模型可按用途、材料、内容等来进行分类。

1. 按用途分

方案模型：属于工作模型即构思模型，它的着重点在内容，主要用在设计、投标、报建方面。

展示模型：属于实体模型，即比例模型，它的着重点在形象，主要用在展示和施工方面。

2. 按材料分

一般制作模型的材料要考虑以下三个方面的特性：①物理力学、化学性能；②加工性能；③价格与可获得性。

常见的模型材料有卡纸、吹塑、发泡塑料、有机玻璃、竹、木质材料、金属、综合材料等。

3. 按内容分

模型按内容可分为：单体建筑外观模型；室内内视模型；城市规划模型；园林景观模型；工业产品模型（含车、船、飞机、生产设备、生活日常用品、家具等）。

1.2

模型的属性、作用与特点 《《《

一、属性 ONE

模型的主要属性：一是直观性（它是三维的设计表现形式，有利于人们对空间、结构、环境的认识）；二是时空性（它能够反映设计师在构思过程中的发展过程）；三是表现性（模型表现出形象的真实与完整）。

二、作用与特点 TWO

模型的设计与制作所起的最主要作用是设计时完善设计构思，接单时辅助投标、报建，促销时表现设计效果，生产时指导施工。模型最值得称道的特点是它的真实性。模型通过按比例微缩，通过真实的材质、色调表现及配套的声、光、电等实际效果，以全方位的可视效果体现出真实程度。

1.3

模型的设计与制作程序 ≪≪≪

一、准备工作 ONE

1. 明确任务

在模型的设计与制作前要明确模型的类型。再根据模型的类型确定设计和制作标准、模型的规格尺寸、模型所采用的比例和主要的材料、设计制作程序。

2. 准备图样和工具、材料

图样有两种来源：一是由业主或委托方提供的现成图纸，只需在制作模型时加以完善；二是需要由设计师进行设计的模型图样。

"工欲善其事，必先利其器。"在开工前准备好必要的合用的工具。设备是必不可少的。

"兵马未动，粮草先行。"设计与制作都离不开材料，准备的材料要符合设计要求，要注意材料的性质，要考虑材料的质感、理化与加工性能，以及经济性。用的材料要满足模型的品种及数量要求。

二、模型设计程序 TWO

1. 设计图样

模型图样有效果图与制作施工图。效果图的作用是对外观符合视觉习惯的把握，施工图是模型制作的重要依据。

模型图样的制作施工图可以是工程实施的施工图。当以工程施工图作为模型图样时，要根据工程实际尺寸按一定比例缩小，具体尺寸按业主要求和模型制作难度确定。

模型图样的制作施工图也可以是由设计师按实际制作尺寸标注的模型设计施工图。

在制作模型时模型设计施工图尺寸与实例是一致的，这样方便下料，不需要再进行比例折算。但对工程实际尺寸状态反映不全面、不真实。工程实施的施工图用作模型制作的图样，需要在制作时进行比例折算，但它能真实反映工程实体的尺寸状态，一般情况下以用工程实施的施工图作为模型图样较好一些。

2. 图样设计步骤

图样设计首先要考虑模型的类型，不同类型模型需要的比例、表现的内容、材料的选择是不一样的。其次是了解模型的对象，即模型是为谁而制作的，它需要描述和传达什么样的信息。第三，设计文件应准备齐全，包括规划图、平面图、立面图、剖面图，以及它们的尺寸是否准确完整。第四，要准备图样副本，以便能在制作过程中作为辅助工具使用。第五，图样应能适当表达符合制作技术的可能性，如材质工具、机械、技能与经验等。第六，设计图样要有方便制作的工作流程安排，即合理工序和方法用以保证模型质量的工艺过程。最后要根据以上要求画出草图（草图应体现三维变化的视觉效果），然后画出制作模型的基本尺寸比例图。

三、模型制作程序   THREE

模型制作前要准备好工作场地、合适的工作台和工具设备、足够的材料和制作图样。

单体模型在制作时，一般是准备好图样、材料、工具，按图样比例尺寸在材料上分别绘制地面、楼面、墙体和屋面的图形。然后用工具切割材料，达到设计要求。最后按顺序连接各部分部件，形成单体模型。其常规组装顺序是固定地面、拼合墙面（内含支撑体系）、拼合屋面。

一般模型制作的步骤是先做底座，接下来完成地形地貌、绿地、交通、水体及环境配套，如汽车、人物。建筑物可单独制作，然后在完成绿地、交通、水体设施制作的设定区域安装置入。最后完成设计需要的声音、灯光、电气控制、气雾等，并安置铭牌、比例、指北针等装置，完整地表达模型整体，使人印象深刻、过目不忘。

第 2 章
模型的材料与工具

MOXING
SHEJI
YU ZHIZUO

◄ ◄ ◄ ◄

◄ ◄ ◄ ◄

2.1

材料 ◀◀◀

一、主材   ONE

制作模型的主体部分的材料，即表现模型实体的材料称主材。主材主要有纸质材料、木质材料、金属材料、塑料材料几大类。

1. 纸质材料

纸质材料价廉物美，品种、规格、色彩多，易加工。纸质材料的缺点是物理性能差、易变形、黏结速度慢。纸质材料主要由单位质量或厚度、形态区别，主要加工工具为剪刀或刀片。常见的有以下几种：①打印纸（80 g/m²）；②绘图纸（150 g/m²）；③纸板（0.5～4 mm 厚）；④瓦楞纸（见图 2–1）；⑤装饰纸，如不干胶纸、吹塑纸、仿真纸、涤纶纸、锡箔纸、绒面纸等。

图 2–1 瓦楞纸

2. 木质材料

木质材料包括原木或人造板材，一般市场也有专为模型制作加工好的木条、木板及木制配件，如柱、梁、板、台阶、栏杆、门、窗等，但尺寸不一定能符合模型的制作要求。

木质材料的性能特点：一般含水率为 14% 左右，密度为 0.4～0.8 kg/m³，抗压力学性能良好，抗剪力较差。

总的来说，木质材料质轻，纹美，可塑性强，容易加工，绝缘性好，可以油饰，但木质材料是各向异性材料，易变形，易燃烧，使用时还要注意结节、裂纹、变色等问题。

常用的木质材料有原木、木皮、多层胶合板、细木工板、指接板、密度板、刨花板等（见图 2-2 和图 2-3）。

图 2-2　木芯板

图 2-3　木板

3. 塑料

塑料的优点是质轻，强度高，耐化学腐蚀性好，绝缘性好，热塑材料可受热成形，且效果好。其缺点是加工麻烦。

ABS——丙烯腈（A），丁二烯（B），苯乙烯（S），常见厚度在 0.3 ~ 5 mm 之间。

PVC——聚氯乙烯，分硬板、软板、透明板三种，常见厚度在 0.5 ~ 20 mm 之间（见图 2-4）。

亚克力——有机玻璃，常见厚度在 1 ~ 8 mm 之间（见图 2-5）。

塑料的加工常用勾刀、钢锯、手工刨等手工工具。黏结用 502、丙酮、氯仿等胶料。

图 2-4　PVC 板

图 2-5　有机玻璃板

4. 玻璃及玻璃钢料

玻璃硬度高，透明度高，但性脆，易破损，常见厚度在 2 ~ 15 mm 之间，玻璃钢由树脂加玻璃纤维构成。其优点是强度高，破损安全性好，成形工艺性优越，可批量制作，表面涂饰性强。其缺点是耐磨性差，翻模制作麻烦。

5. 金属材料

金属材料品种多，物理力学性能好，耐久、耐候性强，常见的品种包括钢、铜、铝、锌、锡等类的板材、管材、线材等，加工时需要合适的钳子、剪刀及钻孔、刀削、铣磨专用设备。

6. 石膏、油泥、纸黏土材料

石膏材料成形方便，易加工，但容重大，易损坏，同其他材料连接性能差。

油泥材料可塑性强，易加工，不易开裂，能涂饰，但存在尺寸准确性难把握、强度不高、成本高等问题。

纸黏土是由纸浆、纤维、胶水等组成的混合物，可塑性强，干后较轻，但干后收缩率大。

二、辅材　　　　　　　　　　　　　　　　　　　　　　　　　TWO

在模型制作过程中起辅助作用，即不表现模型实体的材料称辅材，主要有各种黏结剂、清洁剂、连接件等材料。

1. 黏结剂

在模型制作中，常常用各类黏结剂把不同材料的零部件连接起来，组成立体模型。黏结剂分为有化学反应及无化学反应两种类型。

1）有化学反应的溶解型黏结剂

常见的丙酮、三氯甲烷（氯仿）、502 胶、立时得胶、801 大力胶、U 胶（HART 黏结剂）等。此类胶一般会侵蚀板材和玻璃漆面，并有挥发毒性，使用时要小心，注意使用安全。

2）无化学反应黏结剂

常见的主要有白乳胶、普通胶水、喷胶、单面和双面胶带等（见图 2-6 至图 2-8）。

图 2-6　白乳胶　　　　　　　　　　图 2-7　大棒胶　　　　　　　　　　图 2-8　固体胶

2. 清洁剂

在模型制作中可能使材料及成品表面产生污染，需要清洗，常见清洗用的清洁剂为酒精、松节水、二甲苯等。一般清洁剂易燃，在使用过程中要防止明火、高温，二甲苯有刺激性，还要注意通风。

2.2

设备与工具 《《《

从某种意义上讲，工具与设备影响、制约模型的制作质量和进度。因此，选择使用工具与设备是一项重要的工作。

一、测绘工具   ONE

在模型制作过程中，经常会有测量、画线操作。常用的测绘工具如下。

比例尺（三棱尺）：测量、换算图样比例尺寸的工具。

直尺、三角板、丁字尺：测量尺度和角度、画线的工具(见图2-9和图2-10)。

卷尺、弯尺、蛇尺：测量和绘制直线、曲线的工具（见图2-11）。

游标卡尺：精确测量物体内、外径尺寸的量具（见图2-12）。

图2-9 尺

图2-10 绘图尺

图2-11 卷尺

图2-12 游标卡尺

圆规、分规：测量等分线段、角度、绘制圆与椭圆的工具（见图 2-13）。

模板：测量、绘制不同形状图案的工具（见图 2-14 和图 2-15）。

图 2-13　绘图工具　　　　　　图 2-14　曲线板　　　　　　图 2-15　绘画模板

二、加工设备与工具　　　　　　　　　　　　　　　TWO

裁剪、切割、打磨、钻孔、雕刻等加工过程，需要使用合适的工具与设备才能满足模型制作要求，达到设计制作目标。

1．裁剪、切割工具与设备

勾刀：用于切割塑料板材与划痕。

手术刀：用于切割卡纸、ABS 板和细部处理。

美工刀：用于切割卡纸、吹塑纸、装饰纸（见图 2-16）。

剪刀：用于剪裁各种材料（见图 2-17）。

单、双面刀片：用于切割薄型材料。

手锯、木工锯：用于切割木质材料（见图 2-18）。

图 2-16　美工刀　　　　　图 2-17　剪切工具　　　　　图 2-18　木工锯

钢弓锯：用于切割金属或硬质材料。

电动手锯：材料粗加工过程中的主要切割工具（见图 2-19）。

电动曲线锯：锯条可以在使用中转向，可切割木质、金属、塑料（见图 2-20）。

雕刻机：可直接将模型立面及部分三维构件一次雕刻成型，是目前模型制作中最先进的设备，有机械式和激光烧灼式两种（见图 2-21 和图 2-22）。

手摇钻：手动钻孔工具。

图 2-19 电动手锯

图 2-21 机械雕刻机

图 2-20 电动曲线锯

图 2-22 激光雕刻机

手电钻：电动钻孔机具，方便灵活，适用于钻 6 mm 以下的孔。

钻床：适用于钻 6 mm 以上的大孔、深孔，有台钻、立钻、摇臂钻（见图 2-23 至图 2-25）。

图 2-23 台式钻床

图 2-24 钻床

图 2-25 方孔钻床

2. 打磨、修整工具与设备

（1）电动砂光机：适用于平面的打磨与抛光（见图2-26和图2-27）。

图2-26　打磨机

图2-27　砂光机

（2）砂轮机：用于磨削和修整金属或塑料部件的毛坯，有台式、立式两种形式（见图2-28）。

（3）锉：最常见的打磨工具，有板锉、方锉、圆锉、三角锉、什锦锉（见图2-29）等多品种与规格。

图2-28　砂轮机

图2-29　什锦锉

（4）刨：用于木质和塑料材料的修整，常见的有木工刨、一字刨手电刨、平机刨、压刨等数种（见图2-30至图2-34）。

三、辅助工具　　　　　　　　　　　　　　　　　　THREE

所谓辅助工具是指对材料进行主要加工之外的一类工具，在有些个性化的制作中是必不可少的工具。

1. 钳持工具

用于夹持工件便于加工的工具，常见的手虎钳、台虎钳（见图2-35）。

2. 喷涂工具

用于涂饰工件或模型，表现质感与效果，常用工具有毛刷、排笔、喷笔、喷枪、气泵、空压机（见图2-36）。

图 2-30　木工刨

图 2-31　一字刨

图 2-32　手电刨

图 2-33　平机刨

图 2-34　压刨

图 2-35　台虎钳

图 2-36　空压机

3. 焊接工具

用于焊接金属和塑料及热弯曲加工，常见工具有点焊机、电烙铁、电吹风机、电烤箱、酒精灯等。

4. 敲击工具

整型击打，连接击打工件的常用工具。敲击工具主要有木槌、铁锤（圆头、尖头、平角）、橡皮锤、羊角锤（见图 2-37）等。

5. 其他工具

（1）镊子：制作细小物件时夹持用（见图2-38）。

（2）注射器：黏结 ABS 板类材料时常用氯烷、丙酮等材料，这时借助注射器操作可防止它们挥发，使用更安全方便（见图2-39）。

图2-37　羊角锤　　　　　　　　图2-38　镊子　　　　　　　　图2-39　注射器

（3）家用粉碎机：粉碎染色海锦用。

（4）毛刷及皮老虎：清理缝隙碎屑与灰尘用。

（5）试电笔、万用电表：检查电路用。

（6）小型多用机床：具有刨、切、铣、钻、磨、刻、雕等加工用途，电功率小，使用较安全（见图2-40至图2-45）。

图2-40　工作台　　　　　　　　　　　　　　图2-41　夹具

图 2-42　立式铣床

图 2-43　磨刀机

图 2-44　平式铣床

图 2-45　圆锯

四、主要加工设备与工具使用及注意事项　FOUR

（1）模型加工设备与工具应设置在专用的工作场所和环境中。该工作场所要考虑加工制作时可能产生的噪声、灰尘、气味、废弃物对人员的影响。大型设备应按加工流程定位装置，留出足够的操作空间，小型手工、电动工具应在工作台上使用，并有专门的工具柜存放工具。

（2）模型制作环境应有良好的采光与通风条件，同时应具备良好的人工照明装置和完善的给水排水系统，要有足够使用的安全电源插座。

（3）制作工作场所应制定一般工作规则和安全使用工器具的相关规定。工作规则和安全使用工器具规定应在显眼位置悬挂、粘贴，在显眼及方便使用位置安放灭火器材。

（4）在设备和用电使用过程中，第一要注意用电安全，主要检查电源电压与线路、控制开关、接地、接零情况。第二要注意设备安全，主要检查设备负荷、工作能力范围，注重操作程序和保养维护。第三要注意人身安全，要建立健全相应规章制度，要检查刀具的安装、高温或高速运转设备状况等方面的问题。

（5）手工工具，如刀、剪、钳、起子、锯、刨、锉等有刃口的工具，要注意使用安全，手、足等部位不要朝向刃口运动方向，在用刀具切割板材时，应力度适中地反复后拉，直至切割到材料厚度的 2/3 左右再折断，或是直到切割断开为止。

（6）手持电动工具，如手电钻、手电锯、手电刨、电动起子、抛光机等工具，使用前要检查电线与插头是否完好，再检查刀头等工作部分有无缺损，夹持连接是否紧固稳当。使用前先空转片刻，分辨是否存在杂音，再开始加工工作。工作时不要戴手套，使用时要注意电动工具的加工能力，要避免工具在工作时突然停止工作状况的发生。

（7）台式设备，如车床、刨床、钻床、铣床等台式设备，要在使用前检查设备（包括电路、机械传动部分和工作头部分）状况，加工时要稳固夹持工件，确定合适的切削量，选择适合的工作头部分，如钻头、车刀、铣刀等。

设备使用结束后，要及时清理，做好维护保养工作。

第 3 章
模型设计与制作详解

MOXING
SHEJI
YU ZHIZUO

3.1

模型设计 《《《

一、模型图样设计 　　　　　　　　　　　　　　　　　　　　　　　ONE

　　图样是模型制作的根本依据，图样可以从规划与设计部门获取，也可以自行设计，另外还可以通过摄影或实地测量获取。图样的类型可以是透视图，也可以是施工图，即三视图。制作模型时最好采用施工图。制作模型时要简繁相宜。

二、模型制作前的总体设计构思 　　　　　　　　　　　　　　　　　TWO

　　（1）模型制作前的总体设计构思要考虑形体关系。即根据功能要求，确定合适的比例，不同的比例表现出的细部状态差异很大，因此模型制作的设计就是针对图样如何真实表现和修正的过程，根据比例可以换算出模型的尺度，规划模型尺度一般应控制在 1.8 m 的边长以内。

　　（2）模型制作前要考虑到相应的材料，只有选择那些能进行景物仿真的材料，才能在色彩、质感、肌理等方面表达景物的真实感和整体感。当然也要注意所选材料具备方便加工处理的品质。

　　（3）模型制作前要设计制作程序和进行工艺设计。

　　制作程序是指组成模型的诸多元素在制作过程中的先后次序。恰当有序的制作过程往往能够事半功倍，否则适得其反，甚至可能因质量问题造成返工。

　　工艺设计是指对不同模型元素制作加工时的方法和选择的工具。不同的方法和工具应当与相应的材料和精细程序相对应，如细小的栏杆、山花用雕刻机处理应比较方便和逼真。

三、模型制作设计 　　　　　　　　　　　　　　　　　　　　　　THREE

　　环艺模型制作设计是从制作角度来说的设计，即根据环艺模型的构成来设计。环艺模型主要分为三部分，即建筑主体模型设计、环境模型设计（地形、地貌与绿化）、配景和其他设计。

1. 建筑主体模型设计

建筑主体模型是环艺模型的重点，它既可以作为景观规划模型的主体部分，又可以作为单独的专用模型。所以建筑主体模型设计应该根据不同要求进行。

首先要根据总体与局部的模型要求确定制作深度,从宏观上控制材料和工艺。

其次是模型的风格,即反映一定的文化传统、时代风貌、地域特点的形式和造型决定制作模型的材料。比如古建筑用木质材料,现代建筑宜用塑料。

最后是制作时要根据模型实际需求,确定效果表现,所以有的部分可以做得很精细,有的部分可以做得简单一些,形成对比,突出模型特点。建筑立体模型常分为外观模型和内视模型两类。

2. 环境模型设计

环境模型设计主要是指地形地貌的制作,即形体的制作、绿化植物与草皮的制作。地形地貌要根据图样要求按比例来做,但在地形坡度上有时要从方便制作和观感出发,适当改变比例。

在模型中要注意绿化与建筑的比例关系。一般来说,在 1∶500～1∶2000 的小比例环境中的绿化重在整体感觉,对植物的制作可以粗糙一些,在 1∶300 及以下的大比例模型中,植物的制作要注重景观环境特点,要考虑绿化布局和树种的个体造型。一般在房屋建筑周围的植物高度控制在三层楼高以下为宜。

3. 配景和其他设计

配景主要指水面、汽车、围栏、路灯等模型。对于配景一是要注意它的形,包括尺度大小、外观质感;二是要注意它的量,太少过于单薄,太多过于拥挤。同时要将配景配置在环境的适当位置。最后要考虑的是有声、光、电、气配置的需求时,也要事先设计好。这些辅助功能和主体模型、环境模型的制作安装位置和程序,要选适宜的材料、设备、器件,以及线路和动作控制。

3.2 模型制作 ◀◀◀

一、制作准备 ONE

在完成图样和制作设计后,就进入到模型制作阶段,制作过程分前期工作、制作实施和后期处理。

前期工作主要做一些制作准备,主要工作如下:

(1) 材料准备;

(2) 工具、设备准备;

(3) 工作场地与设施准备;

(4) 技能准备,即对工具、设备(特别是新工具设备)的认识与使用;对材料的基本性能与加工性能的认识;对基本制作加工方法的认识与准备。

二、模型制作内容与步骤 TWO

1. 底盘制作

（1）按设计尺寸裁割底板，并按设计比例制作底板骨架用以支撑底板。

（2）按设计尺寸在底板上放样。

（3）按投影标高制作地形、地貌，根据模型的需要和比例可分为具象与抽象的两种不同风格类型。底盘制作可采用堆积法、拼削法、翻模法等多种方法与模型相适应。

（4）完成道路、广场地面铺装和建筑物安装及绿地植物栽植。

（5）水体制作。

（6）固定边框、封边。

2. 单体制作

1）建筑物

按设计图样比例尺寸用选定的材料下料；细部加工；零部件粘贴、拼装；外饰。

2）建筑小品与配景

在景观规划中主要涉及的有水面、车辆、电杆、路灯、路牌、围栏、室外家具、山石、桥梁等，有些配件在专业商店可以购得，有些需要自行制作。如路灯可用发光二极管，围栏可用空压直排汽灯；桥梁则要按图选材制作。

3）植物

绿化植物主要有草皮、绿篱、树木等。可购买、使用现成草皮或植绒纸，也可用草粉制作草皮。绿篱、树木可在专卖店购买，但为更好地表现并合乎比例要求亦可自制。枝干一般用多股铜线按表现要求制作，然后用打碎上色泡沫屑充当枝叶。

3. 制作中容易出现的问题

1）图样问题

在制作模型过程中容易出现的第一个问题是图样的比例问题，第二个问题是工程图与模型图的联系与区别问题。做模型以工程图作依据时，不能完全依照图样内容制作，可能因为比例存在问题而不好制作，也可能因为模型用途要求某些部分简化等。所以应将工程图做处理后才能更好地表现模型的工作状态。

2）加工问题

第一是下料尺寸的问题，主要体现在尺寸精度和角度偏差方面。

第二是加工余量问题，因为所有材料厚度都不同，厚度不同，加工余量也应该不同，否则会造成尺寸不准确。

第三是黏结关系不清问题，出现这类问题，主要原因是对组成部件的空间关系缺乏清醒的认识，在黏结前要研究图样，校对三视图。

3）组装问题

模型组装时最容易产生的问题是黏结不牢，其原因多半是因为对材料性能了解不充分，采用的黏结剂不适合；或者是材料存在异同的黏结面，影响到黏结效果。

组装时还常常因为操作程序错误，造成质量问题而返工以致影响质量、工期。不同的模型在组装前要根据模型特点、组装件的要求事先设计好组装程序，保证组装效果。

4）安全问题

模型制作、组装时可能因为对材料性能（材料的可燃性、毒性、挥发性等）不熟悉而产生安全问题，如引起火灾、上呼吸道感染等问题，也可能对工具性能不熟悉，或是操作失当造成对产品的破坏及人身伤害、设备事故等。特别要注意操作要领与程序，细心操作，避免粗心大意造成的损失。

三、制作后期工作　　　　　　　　　　　　　　THREE

在模型制作、组装完成后，一般还有如下的一些后期工作，主要是效果处理、模型展示与模型管理。

1．特殊效果处理

1）灯光效果

为了模拟各种色彩、环境特殊效果，增强模型效果，常常需要配置灯光。

灯光源目前经常采用发光二极管、低压灯泡、光导纤维等。

电路一般采用手动控制电路或半自动控制电路，电路常由导线、开关、光敏电阻等元器件构成。

2）音响效果

模型通过音响效果可以改变静态展示的状态，模型的展示功能性更完美。模型一般有语言讲解系统和配音、配乐系统。

目前的音响效果经常是通过芯片存储技术和录放音系统形成背景音乐和解说，并能按要求遥控播放或自动播放。

3）视频效果

根据要求事先编辑制作图片视频素材，通过多媒体设备播放或在其他需要的地方播放。视频经常需要和音响语音系统协同输出。

4）气雾效果

为增加模型的特殊环境气氛，有时要有气雾效果，模型的气雾效果多采用负离子发生器产生负离子气雾模拟，也有少数采用干冰等模拟气雾效果。

2．模型展示

（1）模型的展示要考虑模型的尺度和展台，展示场所的比例关系（若模型大、场地小则显拥挤，若模型小、场地大则显单薄），还要考虑模型与展示、展示场地的色彩协调。

（2）作为展示成果和资料留存，模型摄影是一种重要手段。

模型摄影一般使用单反相机拍摄，为保证摄影效果，首先要以拍摄中心来进行构图，具体要考虑拍摄距离与角度，室内、室外不同的光源，还要考虑拍摄背景。

拍摄完后的照片还要进行后期处理，即通过 Photoshop 等计算机辅助设计软件修补构图缺陷或改变背景，以期得到理想的模型照片。

3．模型管理

模型的管理主要包括对模型的包装、运输和保存、养护几个方面的管理。

　　为保证运输先应满足包装的基本要求（即安全可靠、坚固、防损、防震、防潮、防尘等，还包括运输外形尺寸、装箱要求与包装程序等内容），执行国家行业标准《模型设计成品包装运输技术规定》。

　　模型若要长期保存，应有防尘罩，还要注意防潮、防晒、防高温，存放点应宽敞通风。无罩的模型需要清洁，对声、光、电等电路要考虑绝缘、发热、消防方面的因素。

第 4 章
模型设计与制作实训........................

MOXING
SHEJI
YU ZHIZUO

◀ ◀ ◀ ◀

1:100

◀ ◀ ◀ ◀

4.1

建筑单体模型——
欧式小别墅

一、设计课题　　　　　　　　　　　　　　　　　　　ONE

欧式小别墅。

二、设计要求　　　　　　　　　　　　　　　　　　　TWO

（1）自行设计图样。

（2）设计成果：平、立、剖面图及透视图。

（3）设计参数：两层欧式小别墅、同坡屋面。占地面积 120～140 m²，建筑面积 240～300 m²。

（4）基本要求：满足使用功能（有客厅、餐厅、卧室、书房、车库、厨房、卫生间、阳台、储藏间等），符合建筑模数。

三、制作要求　　　　　　　　　　　　　　　　　　　THREE

（1）自定模型大小尺度及比例。

（2）每人独立完成。

（3）材料：厚卡纸、吹塑纸、ABS 板、胶合板均可。

（4）外观、材质、色调符合设计图样，制作精细，结构牢固，造型完美，尺度合适，比例准确。

四、设计指导　　　　　　　　　　　　　　　　　　　FOUR

1. 设计理念

①功能第一（适用）；②造型第一（美观）；③造价第一（经济）。

建筑外观取决于平面设计。

2. 设计参数

所有建筑设计应符合国家设计标准，遵从人体工学的基本原理来设计建筑，思考问题。

（1）层高 2.8～3.3 m，一般多为 3 m。

(2) 坡面夹角 26° 左右，即直角三角形两直角边比为 1：2。

(3) 户门宽一般 1 ~ 1.5 m，户内门 0.8 ~ 0.9 m，门最小宽度不小于 0.6 m，户门高一般 2.1 ~ 2.4 m，其余门高 2 ~ 2.1 m。

(4) 窗宽一般 1.2 ~ 1.8 m 间，最小宽度不小于 0.6 m，窗高一般 1.5 ~ 1.8 m，最小高度不小于 0.4 m。

(5) 房间面积：客厅一般 15 ~ 40 m²，餐厅 10 ~ 20 m²，卧房 10 ~ 20 m²，厨房大于 4 m²，卫生间大于 3 m²。

(6) 楼梯宽一般 1 ~ 1.5 m，平行双跑楼梯平台宽不小于梯宽，如图 4-1 所示，踏步设计应满足 $2h+b=600$。

(7) 基本模数 100，扩大模数 300。（单位：毫米）

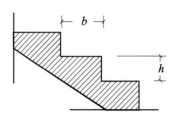

图 4-1　楼梯尺寸

3. 设计步骤

(1) 根据功能要求，确定房间名称、数量和楼层平面位置及相互间关系。

(2) 确定各房间或功能空间尺寸。

(3) 考虑功能与建筑结构间关系，如力学性能、承重体系。

(4) 画草图：画轴线网、画墙体、画门窗、画楼梯，用相应平、立、剖面图表示。

五、制作指导　　　　　　　　　　　　　　FIVE

(1) 准备好相应的材料、工具。

(2) 确定模型尺寸和实际图样尺寸间的比例关系，即确定尺度和比例。注意比例要方便折算。

(3) 排版下料。注意将相同尺寸的构件尽可能一次排版下料，以避免出现尺寸误差。

(4) 构件平面加工。建筑外立面的构件可能涉及开孔、刻槽，以及方便连接部分的加工。

(5) 构件装配，即将细小的零件装配成一个大的组件，如阳台栏杆。

(6) 组件装配。

(7) 涂饰。

(8) 同坡屋面下料计算。

例 1：求屋面 3 的下料尺寸。

① 已知 ab 线段为屋面 1 和屋面 3 的交线（共线），屋面 3 为梯形（见图 4-2）。

② 根据投影原理，已知线段 bf 即屋檐的图示尺寸为实长 6 m。线段 ad 和 df 即斜脊图示尺寸不是实长，梯形的高也不是实际高。

图 4-2　屋面平面图

③求梯形高后，很容易求出斜脊，即可完成屋面3的下料尺寸。

④根据投影原理，梯形高即是直角三角形斜边长，直角三角形的两直角边比例为 1:2，其斜边长为 $\sqrt{5}$。已知实际长度为 1 m 和 2 m，其斜边长即为 $\sqrt{5}$ m。（见图4-3）

⑤已知梯形底边 bf 长 6 m，上边 ad 长 2 m，高 $\sqrt{5}$ m，可作出梯形图尺寸，即屋面3的下料尺寸（见图4-4）。

图4-3　屋面三角形高度计算图

图4-4　屋面梯形高度计算图

图4-5　屋面三角形高度计算图

例2：求屋面1的下料尺寸。

①屋面1为等腰三角形，已知底边长为 4 m。

②屋面3的斜脊 ab，也是屋面1的斜脊 ab（共边），屋面3斜脊长已知。以三角形底边两端 c、b 分别为圆心，以屋面3斜脊长（df）为半径，相交点即为三角形顶点 a。屋面1图示尺寸即下料尺寸（见图4-5）。

其他屋面下料尺寸按以上方法逐一计算。

4.2

园林建筑单体模型——中国亭

一、设计课题　ONE

中国亭（见图4-6至图4-9）。

名称	平面基本形式示意	立面基本形式示意	平面立面组合形式示意
三角亭			
方亭			
长方亭			
六角亭			
八角亭			
圆亭			

图4-6　中国亭1

图4-7　中国亭2

图 4-8　中国亭 3

图 4-9　中国亭 4

二、设计要求　　　　　　　　　　　　　　　　　　TWO

(1) 自行设计图样。

(2) 设计成果：平、立、剖面图及透视图。

(3) 设计参数：小型亭底面积为 2 m×2 m 至 4 m×4 m；中型亭底面积为 4 m×4 m 至 6 m×6 m；大型亭底面积为 6 m×6 m 至 9 m×9 m。

(4) 基本要求：满足景观与使用功能，符合建筑模数。

三、制作要求　　　　　　　　　　　　　　　　　　THREE

(1) 自定模型大小、尺度及比例。

(2) 每人独立完成。

(3) 材料：厚卡纸、吹塑、ABS 板、胶合板均可。

(4) 外观材质、色调符合设计图纸，制作精细，结构牢固，造型完美，尺度合适，比例准确。

四、设计指导　　　　　　　　　　　　　　　　　　FOUR

1. 亭的功能与概念设计

(1) 功能：休息（亭者，停也）、纳凉避雨、远眺、造景。

(2) 造型与概念设计：中国亭与外国亭的联系与区别，现代亭与古代亭的联系与区别。一定的条件（地域、文化、历史、材料、技术、民族）反映一定的事物。

(3) 基本构造如下。

主要组成部分：亭顶、柱身、台基。

常见平面形式：圆形、扇形、八边形、三角形、正方形、六边形（见图 4-10）。以前三类为主。

常见屋顶形式：有单重、多重、攒尖几种。

图 4-10 三角亭、六边形亭、正方形亭平面

常见柱身截面形状：方形、圆形。

（4）亭的文化与艺术传承。

亭的体量虽小，但通过平面和屋顶组合，其造型变化很多。中国亭的亭面与翘角，因为地理原因区别也较大，北方的亭面与翘角平缓显得厚重，南方的亭面与翘角耸陡显得轻快。

亭的选址根据意境条件不同可分为山亭、水亭、平地亭、桥亭等。名亭有杭州风波亭，滁县醉翁亭，长沙爱晚亭，北京知春亭，汨罗独醒亭，西安沉香亭、兵谏亭，九江浸月亭，无锡二泉亭，北京陶然亭等。

2. 中国亭的结构构造

（1）构造：外观、立面、剖面图如图 4-9 所示。

（2）参考尺寸：一般檐柱高 60 斗口，柱径 6 斗口，一个斗口约 2.5 寸，83 mm，柱高为面阔的 0.8～0.9 倍。一般下檐柱高四方亭 0.8～1.1 面阔；六方亭 1.5～2 面阔；八方亭 1.5～2.5 面阔。上柱檐檩圆形直径 3.5～4.5 斗口。

井字梁（抹角梁）：长梁高 6～6.5 斗口，或 1.3～1.5 倍柱径；厚 4.8～5.2 斗口，或 1.05～1.2 倍柱径。

短梁高 4.8～5.2 斗口，或 1.05～1.2 倍柱径；厚 3.8～4.2 斗口，或 0.9～1 倍柱径。

金檩高为 2～4 斗口，或 0.4～1 柱径；厚为 1.25～3 斗口，0.3～0.8 倍柱径。

太平梁：直径 5～7 斗口，或檐柱柱径。雷公柱长度为举高 + 由戗厚 + 椽子厚 + 瓦面垂脊厚度 + 脊柱。

出檐长度：21 斗口，或 0.3 倍檐柱高。

五、制作指导 FIVE

（1）准备好相应的材料、工具、场地设施。

（2）熟悉图样，确定模型尺寸和实物间尺寸关系，选好比例，确定粗作和细作制作部件。

（3）排版下料，注意将同一尺寸物件一次排版下料，既能保证精度，又能提高速度。

（4）构件加工。

（5）组件装配，一般按三部分，即底座、亭身、屋顶，分别装配完成，要注意三部分最后组合的连接和稳定问题。

（6）涂饰。

4.3

室内内视模型——住宅 《《

一、设计课题 ONE

商业住宅楼平面及楼梯构造。

二、设计要求 TWO

（1）自行设计图样。

（2）设计成果：平、立、剖面图及透视图。

（3）设计参数：100~130 m² 住宅（三室两厅一厨两卫双阳台）楼梯双跑式、梯轴线间距 2.6 m，层高 2.8 m。

（4）基本要求：满足使用功能，符合建筑模数。

三、制作要求 THREE

（1）自行确定模型尺度及比例。

（2）每人独立完成一件住宅平面内视模型和楼梯构造模型。

（3）材料：厚卡纸、吹塑、ABS 板、胶合板均可。

（4）外观、材质、色调符合设计图样。

四、设计指导 FOUR

（1）设计理念：根据居家的一般功能要求，确定房间的基本面积和相互位置关系，即平面组合设计。要注意水电相对集中便于施工的原则和明厨明厕采光通风有利环境的原则，要尽可能减少无效面积和交通面积，在做好平面组合的前提下做好空间组合设计。

（2）设计参数：参见 4.1 小节相关参数。

（3）设计步骤：①确定房间名称、数量、面积大小、相互之间位置；②考虑功能与建筑结构关系，如力学性能、承重体系；③在房间平面组合设计时要考虑空间关系，要考虑室内主要用具（如家具）的安排和室内装饰效果；④画草图，画轴线网、画墙体、画门窗、画楼梯，用相应平、立、剖面图表示。

五、制作指导 FIVE

（1）准备好相应的材料、工具、场地设施。

（2）熟悉图样，确定模型尺寸和实物间尺寸关系，选定比例，确定部件制作顺序。

（3）排版下料，注意将同一尺寸构件一次排版下料，这样既能保证精度，也能提高制作速度。

（4）内视模型制作程序（见图4-11至图4-22）：①做房间底板，并按图将平面尺寸画在底板上；②将墙体按平面位置相互固定；③安装室内家具和装饰；④安装铭牌说明。

（5）楼梯构造模型制作程序：①做底板；②做楼梯间墙体；③做梯级；④做平台；⑤做栏杆；⑥在底板上装配墙体、平台、梯级，然后安装栏杆。

（6）涂饰。

图4-11 查阅资料

图4-12 绘制图样

图4-13 图样绘制完成

图4-14 裁剪下料

图 4-15 拼装墙体

图 4-16 墙体拼装完成

图 4-17 制作家具 1

图 4-18 制作家具 2

图 4-19 制作家具 3

图 4-20 制作家具 4

图 4-21 室内布置

图 4-22 完成成品

4.4

景观模型——
校园规划模型 ≪≪≪

一、设计课题 ONE

校园规划模型。

二、设计要求 TWO

(1) 设计图样：在教师提供的图样基础上，学生重新规划总图和局部大样图。

(2) 设计成果：平、立、剖面及透视图。

(3) 设计参数：根据原图样重新规划设计制作，占地面积应不小于 10 000 m²。

(4) 基本要求：满足规划要求。

三、制作要求 THREE

(1) 自行确定模型大小、尺度及比例。

(2) 分组完成，一般 3~4 人一组。

(3) 材料：底座用木框材料或复胶合板，其余部分材料根据模型需要准备。

(4) 比例准确、尺度合适、结构牢固、制作精细、造型完美、内容完整。

四、设计指导 FOUR

(1) 设计理念：根据不同学校对校园景观的要求，确定设计方案。当指定图样反映校园较大时，应选取最能反映校园景观文化的部分重新设计规划。当指定图样反映校园面积和设计参数相近时，也要精心安排调整，将最具特点部分能较好地反映出来。

(2) 设计步骤：① 熟悉指定图样；② 确定校园文化与景观特点；③ 选定适当规划范围；④ 确定路网体系和主要建筑物与构筑物的体量与位置；⑤ 认识地形地貌特点与路网、建筑物的关系；⑥ 植被的设计。

五、制作指导　　　　　　　　　　　　　　　　　　　　　　　　FIVE

如图 4-23 至图 4-39 所示，制作景观模型。

（1）准备好相应的材料、工具、场地设施。

（2）熟悉图样，确定模型尺寸和实物间尺寸关系，选定比例，确定部件制作顺序。

（3）制作底盘：① 根据设计大小，切割材料做底板、边框；② 在底板上放样（可采用方格网法或仪器投影法。采用方格网法时的方格尺寸根据制作精度和模型大小确定。可在 2 m×2 m 到 40 m×40 m 范围内调整）；③ 在底板上做地形、地貌；④ 完成道路、广场、地面铺装及绿地制作；⑤ 做水体；⑥ 单体组装到底板上（单体主要指建筑物和小品）；⑦ 封边框、贴图签、图标或文字说明。

（4）单体制作：① 建筑物和构筑物；② 建筑小品与配景；③ 植物。

（5）效果处理的制作与安装。

图 4-23　绘制图纸 1

图 4-24　绘制图纸 2

图 4-25　绘制底座

图 4-26　制作地形 1

图 4-27 制作地形 2 　　　　　 图 4-28 制作地形 3 　　　　　 图 4-29 制作廊和亭

图 4-30 制作树木 　　　　　 图 4-31 教师指导

图 4-32 完成局部 　　　　　 图 4-33 制作水景

图 4-34　制作园路

图 4-35　局部组装 1

图 4-36　局部组装 2

图 4-37　制作完成作品 1

图 4-38　制作完成作品 2

1:100

图 4-39　制作完成作品 3

CANKAO WENXIAN

[1] 黄信，张凌，曹喆.建筑模型制作过程 [M].武汉：华中科技大学出版社，2013.

[2] 周至禹.思维与设计[M].北京：北京大学出版社，2007.

[3] 胡雨霞.展示设计材料与构造 [M].北京：中国轻工业出版社，2013.

[4] 朴永吉，周涛.园林景观模型设计与制作 [M].北京：机械工业出版社，2007.

[5] 田永复.中国园林建筑构造设计 [M].北京：中国建筑工业出版社，2004.